BEI GRIN MACHT SICH IHR WISSEN BEZAHLT

AF151441

- Wir veröffentlichen Ihre Hausarbeit,
  Bachelor- und Masterarbeit

- Ihr eigenes eBook und Buch -
  weltweit in allen wichtigen Shops

- Verdienen Sie an jedem Verkauf

Jetzt bei www.GRIN.com hochladen und kostenlos publizieren

Anonym

Einführung von Gleichung und Graph einer linearen Funktion (Klasse 8 Realschule)

Stundenentwurf im Rahmen der Lehramtsausbildung

GRIN Verlag

Bibliografische Information der Deutschen Nationalbibliothek:

Die Deutsche Bibliothek verzeichnet diese Publikation in der Deutschen National-
bibliografie; detaillierte bibliografische Daten sind im Internet über http://dnb.d-
nb.de/ abrufbar.

Dieses Werk sowie alle darin enthaltenen einzelnen Beiträge und Abbildungen
sind urheberrechtlich geschützt. Jede Verwertung, die nicht ausdrücklich vom
Urheberrechtsschutz zugelassen ist, bedarf der vorherigen Zustimmung des Verla-
ges. Das gilt insbesondere für Vervielfältigungen, Bearbeitungen, Übersetzungen,
Mikroverfilmungen, Auswertungen durch Datenbanken und für die Einspeicherung
und Verarbeitung in elektronische Systeme. Alle Rechte, auch die des auszugsweisen
Nachdrucks, der fotomechanischen Wiedergabe (einschließlich Mikrokopie) sowie
der Auswertung durch Datenbanken oder ähnliche Einrichtungen, vorbehalten.

Impressum:

Copyright © 2012 GRIN Verlag GmbH
Druck und Bindung: Books on Demand GmbH, Norderstedt Germany
ISBN: 978-3-656-82264-6

Dieses Buch bei GRIN:

http://www.grin.com/de/e-book/283010/einfuehrung-von-gleichung-und-graph-
einer-linearen-funktion-klasse-8-realschule

GRIN - Your knowledge has value

Der GRIN Verlag publiziert seit 1998 wissenschaftliche Arbeiten von Studenten, Hochschullehrern und anderen Akademikern als eBook und gedrucktes Buch. Die Verlagswebsite www.grin.com ist die ideale Plattform zur Veröffentlichung von Hausarbeiten, Abschlussarbeiten, wissenschaftlichen Aufsätzen, Dissertationen und Fachbüchern.

Besuchen Sie uns im Internet:

http://www.grin.com/

http://www.facebook.com/grincom

http://www.twitter.com/grin_com

Inhaltsverzeichnis

1. Bedingungsanalyse

1.1 Organisatorische und technische Rahmenbedingungen der Ausbildungsschule

Die ███████████████ ist eine Mittelschule der ███████████ und befindet sich im Stadtteil Lößnig, umgeben von einem Neubaugebiet. Eine besondere Situation ergibt sich im Schuljahr 2012/2013 durch die Sanierung des Schulgebäudes und des damit verbundenen Umzuges in die Christian-Felix-Weiße-Schule (███████████████████████████) nach ██████. Die Baumaßnahmen konzentrieren sich auf einen barrierefreien Ausbau der Sanitäranlagen und des Treppenhauses. Außerdem wird die Schule den heutigen Anforderungen gemäß modernisiert. Durch die Auslagerung ergeben sich natürlich Einschränkungen. So steht z.B. kein offizieller Werkraum zur Verfügung, da einige Sicherheitsauflagen hier nicht erfüllt werden.

An der ███████████████ lernen momentan 315 Schülerinnen und Schüler, die von 30 Lehrerinnen und Lehrern in 15 Klassen unterrichtet werden. Das Kollegium wird zusätzlich durch zwei Schulsozialarbeiter und eine Bibliothekarin unterstützt. Im aktuellen Schuljahr wird die Klassenstufe 5 vierzügig, die Klassenstufe 6 dreizügig und übrigen Jahrgangsstufen zweizügig unterrichtet. Eine eigenständige Hauptschulklasse wurde nur in der 9. Jahrgangsstufe gebildet, ansonsten erfolgt der abschlussbezogene Unterricht ab Klasse 7 mit Hilfe einer äußeren Differenzierung in Form von Gruppenbildung in den Hauptfächern.

Seit dem Schuljahr 2007/2008 findet ausschließlich Blockunterricht statt. Daraus ergeben sich folgende Unterrichts- und Pausenzeiten:

Stunde	Beginn	Ende
1. Block	8:00 Uhr	9:30 Uhr
20 Minuten Pause	9.30 Uhr	9:50 Uhr
2. Block	9.50 Uhr	11:20 Uhr
15 Minuten Pause	11.20 Uhr	11:35 Uhr
3. Block	11:35 Uhr	13:05 Uhr
40 Minuten Pause	13:05 Uhr	13:45 Uhr
4. Block	13:45 Uhr	15:15 Uhr

Tab. 1: *Unterrichtszeiten*

Unsere Schule ist mit dem Qualitätssiegel Lions-Quest "Erwachsen werden" ausgezeichnet. Das Programm zielt auf die Förderung der sozialen und kommunikativen Kompetenzen von Schülerinnen und Schülern im Alter von zehn bis etwa 15 Jahren und leistet somit einen entscheidenden Beitrag zur schulischen Sucht- und Gewaltprävention sowie zur Berufsvorbereitung.

In der ██████████████ wird in jeder Pause, bis auf die 15 Minuten Pause nach dem zweiten Block, auf den Hof gegangen. Diese Hofpausen dienen einerseits zur Nahrungsaufnahme und andererseits zum Ausleben des natürlichen Bewegungsdranges. Die dadurch erreichte geistige Erholung dient zur weiteren effektiven Arbeit in den kommenden Blockeinheiten. Nach dem dritten Block haben die Schülerinnen und Schüler die Möglichkeit, an der Schulspeisung teilzunehmen oder auf dem Freigelände Mittag zu essen. Nach dem Unterricht besteht für die Schüler die Möglichkeit, das Ganztagsangebot der ██████████████████ zu nutzen, welches neben der Freizeitgestaltung auch Hausaufgabenbetreuung und individuelle Förderung umfasst.

Die geplante Unterrichtsstunde für den zweiten Unterrichtsbesuch im Fach Mathematik beginnt am Mittwoch um 9.50 Uhr. Dies ist der zweite Block für die Klasse 8a und wird im Unterrichtsraum 102 im Haus 1 durchgeführt und ist das Klassenzimmer der Klasse 6b. Es sind dennoch fast alle für den Mathematikunterricht benötigten Materialien, wie z.b. Geodreieck, Tafellineal, Zirkel und Overheadprojektor vorhanden. Spezielle Materialien, wie z.b. Lochschablone, Sinuskurve oder Hohlkörper, müssten vor Unterrichtsbeginn organisiert werden.

1.2 Analyse der Lerngruppe

Die Lerngruppe, die den Realschulabschluss anstrebt, besteht insgesamt aus 22 Schülern. Von diesen sind 10 Jungen und 12 Mädchen. In dieser Klasse ist ein konzentriertes Arbeiten möglich ist. Dies mag auch daran liegen, dass die Mentorin schon eine sehr gute erzieherische Vorarbeit geleistet hat und die Schüler einen geregelten Stundenablauf kennen und gelernt haben, sich untereinander zur Ruhe zu bitten. Das Leistungsniveau in der Klasse ist sehr unterschiedlich. Zu den stärksten Schülern der Gruppe gehören ███████████████ ██████. Sie streben eine gute bis sehr gute Bewertung im Fach Mathematik an und zeigen ein

4

rasches Auffassungsvermögen. Von einer Mädchengruppe, gebildet aus ███████, die die Klasse fest im Griff zu haben scheint, und ███████, die sich in einer starken Pubeszensphase befindet und kein rechten Gedanken an den Mathematikunterricht verschwenden möchte, geht eine gewisse Unruhe aus. Der Schüler ███████. kommentiert den Stundenverlauf gelegentlich mit unpassenden Äußerungen, schwatzt dazwischen und benötigt häufig einen extra Anschub, um mit seiner Aufgabe anzufangen. Im Mathematikunterricht ist dies zwar nicht so sehr ausgeprägt wie in anderen Fächern, aber dennoch habe ich den Eindruck, dass es ihm schwer fällt, sich auf die gestellte Aufgabe zu konzentrieren. Eine der vier schwächsten Schüler sehe ich in ███████., die eine nachgewiesene Dyskalkulie hat und im Umgang mit Zahlen und Operationen große Schwierigkeiten zeigt. Zu der Gruppe der Leistungsschwachen gehören noch ███████. Bei ihnen kann man feststellen, dass es an einer Vielzahl von grundlegenden mathematischen Fakten mangelt (Einmaleins, Addition über die Zehnerstelle hinaus, Bruchrechnung, usw.). Allerdings muss man diesen Schülerinnen ein großes Lob für ihren Ehrgeiz und ihre Mitarbeit aussprechen. Trotz der vorhandenen Probleme versuchen sie stets dem Unterricht zu folgen und freuen sich über jede Hilfe durch den Lehrkörper und von Mitschülern. ███████. scheint zurzeit eine Außenseiterrolle innerhalb der Klasse einzunehmen, da man sie in den Pausen ganz selten mit den Mitschülern reden sieht. Ihre Leistungen ließen im Vergleich zum letzten Jahr etwas nach, sie ist noch etwas zaghaft in der Mitarbeit, hat aber oftmals gute und richtige Ideen.

Einige Schüler der Realschulgruppe weisen verschiedene Besonderheiten, wie z.B. LRS und leichte Konzentrationsschwächen, auf.

Allgemein lässt sich feststellen, dass es eine willige, lernbereite Klasse ist, die zuhören kann, sich am Unterricht beteiligt und zum Großteil auch Interesse an der Mathematik zeigt

2. Einordnung der Stunde in den Lernbereich

2.1 Tabellarische Lernbereichsplanung

<u>Lernbereich 2: Lineare Funktionen und Gleichungssysteme</u>

Lernbereich 2: Lineare Funktionen und Gleichungssysteme	26 Ustd.
Übertragen der Kenntnisse über Zuordnungen auf Funktionen	➔ Kl. 6, LB 2
- Darstellen unterschiedlicher funktionaler Zusammenhänge auch unter Verwendung des Computers	➔ Kl. 7, LB 4
	⇨ informatische Bildung
- Funktion als eindeutige Zuordnung	
Kennen der Begriffe Argument und Funktionswert	
Beherrschen	$y = m \cdot x$ und $y = m \cdot x + n$
- des grafischen Darstellens linearer Funktionen unter Beachtung der Parameter m und n	
- des zeichnerischen und rechnerischen Ermittelns von Nullstellen	
Anwenden des zeichnerischen und rechnerischen Lösens linearer Gleichungssysteme auf verschiedene Sachverhalte	Tarif- und Preisvergleiche
	Gleichungssysteme mit genau einer, mit keiner Lösung sowie mit unendlich vielen Lösungen

---

[1] Lehrplan Mitteschule Mathematik. Dresden: Sächsisches Staatsministerium für Kultus, 2004/2009.

Entwickeln von Problemlösefähigkeiten

Die Schüler erfahren beim Lösen von Sachproblemen mit Hilfe von Gleichungen, Gleichungssystemen und Funktionen grundlegende Schritte des Modellierens:

- Modell bilden
- Operieren im mathematischen Modell
- Interpretieren der mathematischen Lösung mit Bezug auf den Sachverhalt

Sie nutzen die Problemlösestrategien Skizzieren und Zeichnen sowie tabellarisches Darstellen beim Aufstellen von Formeln und Gleichungen zu Sachproblemen. Die Schüler wenden Formeln an. Sie benutzen Hilfsmittel, wie Taschenrechner, Formelsammlung und Software**????** sachgerecht und erkennen deren Stellenwert für das Problemlösen.

Entwickeln eines kritischen Vernunftgebrauchs

Sie nutzen mit linearen Funktionen und Gleichungssystemen weitere mathematische Mittel, um Alternativen abzuwägen und zwischen ihnen zu entscheiden.

Entwickeln des verständigen Umgangs mit der fachgebundenen Sprache unter Bezug und Abgrenzung zur alltäglichen Sprache

Die Schüler verwenden den Fachbegriff Funktion in Abgrenzung zur Umgangssprache für die Beschreibung von Realobjekten und Sachproblemen aus dem Alltag.

Die Schüler präsentieren zunehmend selbstständig Lösungspläne und stellen Lösungswege in nachvollziehbarer Form dar.

Entwickeln des Anschauungsvermögens

Die Schüler veranschaulichen lineare Wachstumsprozesse und Lösungsmengen linearer Gleichungssysteme im Koordinatensystem oder Tabellen. Sie erfassen Strukturen von Termen, Gleichungen und Formeln.

Erwerben grundlegender Kompetenzen im Umgang mit ausgewählten mathematischen Objekten

Die Schüler können mit linearen Gleichungen, Gleichungssystemen und Funktionen umgehen und sie zum Lösen von Sachproblemen nutzen.

Thema/Inhalt	Std.	Lernzielebene	Methoden	Material, HA, Bemerkungen
Wiederholung direkte und indirekte Proportionalität • Erstellen von Wertetabellen • Bestimmen des Proportionalitätsfaktors • Graphen zeichnen und auswerten – Wiederholung Koordinatensystem • Erweiterung der Vorstellung der S., dass für m und x auch negative Werte zulässig sind	2	Übertragen	UG; SST (evtl. LaS)	Lehrbuch Overheadprojektor
Funktion als eindeutige Zuordnung • Darstellen unterschiedlicher funktionaler Zusammenhänge (auch mit Computer) • Einführung der Begriffe Argument, Funktionswert, Definitionsbereich und Wertebereich • Festigung und Anwendung der Begriffe bei verschiedenen funktionalen Zusammenhängen (Klimadiagramme; Briefporto u. ä.)	2	Übertragen Kennen	UG; SST Für Computereinsatz möglich: tutorial; Gruppenpuzzle LV; SST	Lehrbuch Overheadprojektor Arbeitsheft evtl. Computer
Funktionen y = mx; • Erstellen von Wertetabellen • grafische Darstellung • Erkennen des Einflusses vom Anstieg auf den Verlauf des Graphen	2	Beherrschen	UG; SST	Lehrbuch Overheadprojektor Arbeitsheft
lineare Funktionen y = mx + n • Erstellen von Wertetabellen • Erarbeitung des Einflusses von m und n auf den Verlauf des Graphen • Zeichnen der Graphen zunächst über Wertetabelle, dann über Steigungsdreieck • zeichnerisches Ermitteln der Nullstellen • Berechnen der Nullstellen • Lösen praktischer Aufgaben zu linearen Funktionen	7	Beherrschen	UG; SST; Gruppenpuzzle	Lehrbuch Overheadprojektor Arbeitsheft

Thema/Inhalt	Std.	Lernzielebene	Methoden	Material, HA, Bemerkungen
Lösen linearer Gleichungssysteme • zeichnerische Lösung (auch mit Tabellenkalkulation) • rechnerische Lösung	7	Anwenden	LV; SST	Lehrbuch Overheadprojektor Arbeitsheft
Festigung; Komplexe Übungen	5		LaS • je Station 20 Minuten • insgesamt 10 Stationen plus **Reservestation?????**	Lehrbuch Overheadprojektor Arbeitsheft Stationskarten
Klassenarbeit	1			

2.2 Inhalt und Ablauf der vorangegangenen und folgenden Stunde

Im vorangegangenen Block am Freitag wurde wie üblich mit einer täglichen Übung begonnen. Im Anschluss wurde der erarbeitete Stoff aus dem vorangegangen Block am Donnerstag wiederholt. Die Begrifflichkeit der eindeutigen Zuordnung, das Nennen und Verstehen passender Beispiele sowie der Funktionsbegriff an sich standen hier noch einmal im Mittelpunkt des Unterrichtseinstieges. Im weiteren Verlauf der Stunde wurde mit Hilfe eines Arbeitsblattes noch einmal das Aufstellen von Wertetabellen und das Zeichnen von Graphen geübt (proportionale Funktionen). Diese Funktionen wurden so ausgesucht, dass im zweiten Teil der Stunde der Anstieg und das Steigungsdreieck anhand dieser Graphen eingeführt werden konnte. In einem zweiten Arbeitsblatt wurden den Schülern mehrere Graphen vorgegeben. Sie sollten selbstständig die Steigungsdreiecke einzeichnen sowie den Anstieg m bestimmen und die Funktionsgleichung aufstellen. Diese Übung wurde nach Wiederholung linearer Funktionen der Form y = mx noch einmal vertieft. Zum Stundenabschluss gab es noch eine kurze Wiederholungsphase des Stundeninhalts und einen ein Ausblick auf die kommenden Stunden.

3. Fachwissenschaftliche Analyse[2]

Eine Funktion ist eine spezielle Form der Abbildung, bei der jedem Element der Urbildmenge genau ein Element der Bildmenge zugeordnet wird. Somit ist eine Funktion eine Relation, in der jedem Element der Menge A genau ein Element der Menge B zugeordnet ist.

$$,, f : \begin{cases} A \to B \\ x \to f(x) \end{cases}$$

$D(f) := A$ ist der **Definitionsbereich** von f.

$W(f) := \{ f(a) \mid a \in A \} \subseteq B$ ist der **Wertebereich** von f.

Funktionsgleichung: $y = f(x)$, **Funktionsterm**: $f(x)$

Graph von f: Menge der Punkte $(x, f(x))$ in der x, y - Ebene.

---

[2] Vgl. Vorlesung Prof. Dr. G. Berger (2005): *Differential- und Integralrechnung I*

lineare Funktionen:

Eine Funktion f: $\mathbb{R} \to \mathbb{R}$ heißt linear, wenn sie von der Form $x \to a + bx$ mit festen reellen Zahlen a, b ist. Ist b = 0, also f(x) = a für alle $x \in \mathbb{R}$, so nennt man f eine konstante Funktion (mit Wert a). Ist auch noch a = 0, also f(x) = 0 für alle $x \in$ R, so spricht man von der Nullfunktion. Ist a = 0, also f(x) = bx für alle $x \in \mathbb{R}$, so heißt f homogen-linear oder auch proportionale Zuordnung.

Homogen-lineare Funktionen, also proportionale Zuordnungen:

Wir betrachten Funktionen der Form f(x) = bx, wobei b eine Konstante ist. Der Graph ist jeweils eine Gerade durch den Ursprung.

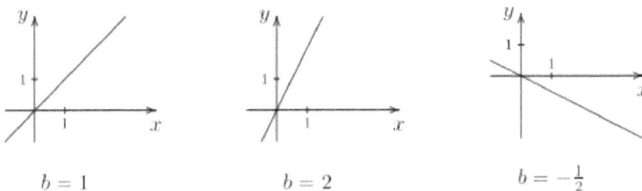

Ist f(x) = b · x eine homogen-lineare Funktion, so nennt man b den Proportionalitätsfaktor (zumindest wenn $b \neq 0$), und man spricht auch von proportionaler Zuordnung.

linear-inhomogene Funktionen[3]:

Unter linearen Funktionen wird ein Teilbereich der Funktionen an sich verstanden.

Man bezeichnet die Abbildung der Form $f : \mathbb{R} \to \mathbb{R}$ mit $x \mapsto ax + b$,

mit $a,b \in \mathbb{R}$ als lineare Funktion, also eine Polynomfunktion höchstens ersten Grades.

„Diese Form bezeichnet man auch als die *Normalform* einer linearen Funktion. Ihre Komponenten lassen sich wie folgt interpretieren:

- Die Zahl *a* gibt den linearen Faktor oder die Steigung der Geraden an.
- Die Zahl *n* ist die Inhomogenität, der Ordinatenabschnitt, die Verschiebungskonstante oder der y-Achsenabschnitt.

---

[3] Wikipedia – lineare Funktion. http:// http://de.wikipedia.org/wiki/Lineare_Funktion (Zugriff am 11. November 2012)

11

Der Graph einer linearen Funktion kann niemals parallel zur y-Achse verlaufen, da sonst einem x-Wert mehrere y-Werte zugeordnet wären. Dies würde der Definition einer Funktion als eindeutige Zuordnung widersprechen."[4]

4. Fachdidaktische Analyse

Nachdem die Schülerinnen und Schüler in den vorangegangenen Unterrichtseinheiten ihr Vorwissen aus dem Lernbereich 2 „Zuordnungen in der Umwelt" aus Klasse 6 und dem Lernbereich 3 „Rationale Zahlen und Gleichungen" aus Klasse 7 aufgefrischt haben[5], wird in der kommenden Unterrichtseinheit die lineare Funktion der Form y = mx + n betrachtet. Die Erkenntnis, dass die bereits bekannte und in den letzten Stunden behandelte proportionale Funktion der Form y = mx eine besondere lineare Funktion ist, sollte den Schülern nicht schwerfallen. Die grundlegenden Fachbegriffe wie Argument, Funktionswert, Anstieg usw. können ebenfalls aus den vorangegangenen Einheiten vorausgesetzt werden. Die Schüler sollen in dieser Unterrichtseinheit ihre Kenntnisse beim Erstellen von Wertetabellen und Zeichnen von Graphen nutzen, um neue Erkenntnisse im Umgang mit Funktionen zu erlangen. Dabei werden nicht mehr nur möglichst einfache Koeffizienten gewählt, sondern alltägliche Wertepaare verwendet. Dies soll den Schülern vor allem den Realitätsbezug näher bringen. Dies sollte in den kommenden Einheiten so weit ausgebaut werden, dass die Schüler mit Hilfe von Funktionen und späteren Gleichungssystemen Sachprobleme aus ihrer Umwelt in Mathematik übertragen und lösen können, d.h. der Erwerb grundlegender Kompetenzen im Umgang mit ausgewählten mathematischen Objekten nimmt hier eine zentrale Rolle ein. Die Entwicklung eines kritischen Vernunftgebrauchs kommt vor allem in der Aufgabe des Handyvergleiches zum Tragen. Gewonnene Erkenntnisse müssen interpretiert, abgewogen und auch beurteilt werden. Ein letzter wichtiger Punkt in dieser allgemeinen Betrachtung stellt die Entwicklung von Problemlösefähigkeiten dar. Wie gehe ich an eine Aufgabe ran? Welche Lösungsmöglichkeiten stehen mir zu Verfügung? Welche Hilfsmittel sind günstig? Innerhalb dieser und der kommenden Unterrichtseinheiten wird den Schülern das Rüstzeug gegeben, wie man alltägliche Probleme mit Hilfe der Mathematik lösen kann und welche Lösungsstrategien von Vorteil sind.

---

[4] Wikipedia – lineare Funktion. http:// http://de.wikipedia.org/wiki/Lineare_Funktion (Zugriff am 11. November 2012)
[5] Lehrplan Mittelschule Mathematik. Dresden: Sächsisches Staatsministerium für Kultus, 2004/2009.

5. Lernziele

Grobziele

- Erkennen des Einflusses von n auf die lineare Funktion
- Schüler sollen Probleme aus ihrer Umwelt in die Mathematik übertragen und die Zweckmäßigkeit der Anwendung des Themas im Alltag erkennen

Feinziele

- das Problem erkennen (Zwei Handyangebote sollen verglichen werden.)
- eine Lösungsstrategie entwickeln. (Aufstellen einer Tabelle; Aufstellen zweier linearer Funktionen und Zeichnen der Graphen)
- ihre jeweilige Lösungsstrategie anwenden und das Ergebnis in Hinblick auf die Problemstellung bewerten.
- den Schnittpunkt der beiden Funktionen bewerten; Schlussfolgerung dass sie an dieser Stelle die gleichen Funktionswerte haben

6. Methodische Überlegungen

Die Unterrichtsstunde beginnt mit der Begrüßung und einem kurzen, informierenden Unterrichtseinstieg, welcher einen Überblick über die kommende Einheit liefern soll. Die TÜ wird als Arbeitsblatt ausgeteilt. Die letzte Aufgabe der TÜ dient noch einmal der Wiederholung und Festigung im Umgang mit den Begriffen Argument, Funktionswert, Funktionsgleichung, Anstieg und dem Funktionsbegriff an sich. Während dieser Übungsphase gehe ich vereinzelt durch die Reihen, gebe kleinere Hinweise und bereite die Folien für den Hauptteil vor. Die TÜ wird in gewohnter Form verglichen, d.h. die Schüler sagen die einzelnen Ergebnisse an. Bei Schwierigkeiten wird an der Tafel die Aufgabe noch einmal erläutert. Für die Überleitung in den Hauptteil wird ein Arbeitsblatt ausgegeben, welches der Erarbeitung der linearen Funktionen y = mx + n dienen soll. Des Weiteren soll am Ende dieser Übung der Einfluss von n auf den Graphen und die Funktion für den Schüler sichtbar werden. Zunächst wird die Aufgabe durch einen Schüler laut vorgelesen und die beiden Wertetabellen durch die Schüler selbstständig ausgefüllt. Ein kleiner Hinweis, was in der zweiten Wertetabelle zu beachten ist, sollte den Kindern genügen, dass bei der Gesamtmasse die Masse des Anhängers an sich zu beachten ist. Im Anschluss werden die Wertepaare verglichen und die Schüler lösen die erste Teilaufgabe auf dem Arbeitsblatt. Bei der Erstellung des Koordinatensystems werde ich abermals durch die Reihen gehen, um mögliche kleine Fehler zu verbessern oder Hinweise zu geben. Die Graphen werden beim anschließenden Vergleichen durch den Lehrer an die Wand projiziert. Im Interpretieren der Graphen, d.h. im Beschreiben der Lage, liegt nun der eigentliche fachliche Schwerpunkt dieser Aufgabe. Die Schüler sollen erkennen, dass die Graphen parallel zueinander liegen in einem Abstand von drei Einheiten. Die Frage, warum die Graphen parallel liegen und wie die 3 Einheiten Abstand zustande kommen, ist die Kernfrage. Den Schülern soll bewusst werden, dass der Anstieg m beider Funktionen gleich ist und somit beide Graphen parallel liegen, und dass der y-Achsenabschnitt n für den Abstand zur proportionalen Funktion $y = mx$ verantwortlich ist. Zum Abschluss wird noch der Merksatz mit Hilfe eines Lehrer-Schüler-Gesprächs vervollständigt.

Den zweiten Teil der Stunde leite ich mit einem für Jugendliche typischen Problem ein: Ich muss einen neuen Handyvertrag finden und weiß noch nicht, für welchen ich mich entscheide sollte. Die erste Wertetabelle ist wieder vorgegeben, da mir in diesem Punkt nicht das selbstständige Aufstellen von Wertetabellen wichtig ist, sondern die Erkenntnis der Schüler, dass im Schnittpunkt zweier Graphen der Funktionswert gleich ist. Bei selbstständiger Anfertigung besteht nämlich die Gefahr, dass keine Überschneidung auf Grund von zu niedrig vorgegebenen x-Werten eintrifft. Außerdem ist nicht bei allen Schüler vorauszusetzen, dass ein Wertepaar mit (70;34,25) gewählt wird, um die Gleichheit der Funktionswerte auch in der Wertetabelle aufzuzeigen. Die Jugendlichen gehen nun nach bekanntem Muster vor, fertigen ein Koordinatensystem an, tragen die Punkte ein und versuchen die Graphen zu interpretieren und stellen nach Möglichkeit die Funktionsgleichung auf. Die anschließende Diskussion zum Verlauf der Graphen, dem Schnittpunkt und dessen Sonderstellung stellt das Kernstück dieser Übung dar. Die Schüler sollen anhand ihrer durch die Diskussion gewonnen Erkenntnisse schlussfolgern können, ab wann sich welcher Vertrag lohnen würde und was sie ihrem Lehrer empfehlen würden.

In den verbleibenden 20 Minuten lösen die Schüler selbstständig eine äquivalente Aufgabe im Arbeitsheft, in der Taxitarife verglichen werden sollen. Die Stunde endet mit einer für die Klasse gewohnten Reflexion des Erarbeiteten, in der die allgemeine lineare Funktion der Form $y = mx + n$ mit den richtigen Fachbegriffen benannt wird.

7. Verlaufsplanung

Zeit	Inhalt/Stoff	Methodische Gestaltung
09:50	**Begrüßung, Überblick über den Unterrichtsblock**	- Lehrervortrag
09:52	**Tägliche Übung** - siehe Anhang	- Aufgaben werden per Handzettel verteilt - letzte Aufgabe auf Folie (**dient Wiederholung der Begrifflichkeiten Argument, Funktionswert, Funktionsgleichung, eindeutige Zuordnung, Funktion**)
10:07	Vergleich Tägliche Übung	- Lösungen werden von Schülern genannt, Lehrer-Schüler-Gespräch - Übersicht über die Leistung: Wer hat wie viel richtig?
10:12	**Einstieg mit Arbeitsblatt** - Erarbeitung lineare Funktionen der Form $y = mx + n$ - Vervollständigen der Wertetabelle durch die Schüler → Vergleichen	- Erfragen, was bei der Gesamtmasse zu beachten ist (Leermasse von 3 Tonnen) - Präsentation der richtigen Werte auf Folie - Aufstellen der Funktionsgleichung
10:15	- selbst. Anfertigen eines Koordinatensystems, Zeichnen der Graphen	- S. lösen Aufgabe 1 (Lehrer geht durch die Klasse und kontrolliert die Einhaltung der Vorgaben für das Koordinatensystem)
10:22	→ Vergleichen: kurze Wiederholung wie man Punkte richtig einträgt	
10:25	Beschreibung der Graphen	- S. sollen Gemeinsamkeiten und Unterschiede der Graphen finden, auch eine mögliche Begründung liefern
10:27	Eintragen des y- Achsenabschnitts	
10:29	Vervollständigen des Merksatzes	- L. S. Gespräch Vermutungen anstellen, wie Merksatz vervollständigt werden könnte?

10:32	**Präsentation der Aufgabe Handytarifvergleich an der Tafel** 1. Angebot von O3 Grundpreis: 6,95 € Telefonkosten: 0,39 €/min 2. Angebot von a-minus Grundpreis: 20,95 € Telefonkosten: 0,19 €/min	- Geschichte, das L. einen neuen Handyvertrag sucht und keine Ahnung hat, für welchen er sich entscheiden sollte und worauf er achten muss - S. sollen anhand dieser Aufgabe die Zweckmäßigkeit der Anwendung des Themas im Alltag erkennen und das gestellte Problem lösen mit Hilfe einer Interpretation der Wertetabelle und der Graphen - Wertetabelle O3 ist vorgegeben: Wertetabelle Angebot O3: | Zeit	0	1	10	20	40	60	70	80	
---	---	---	---	---	---	---	---	---	---
Preis										 Aufgabe 1: Erstellt für das Angebot von a-Minus eine weitere Wertetabelle und vervollständigt diese. Aufgabe 2: Übertragt die Werte in ein Koordinatensystem! Aufgabe 3: Stellt die Funktionsgleichungen zur Berechnung der Tarife auf! Aufgabe 4: Welcher Tarif ist ab wann günstiger?
10:42	→ Vergleichen	
11:00	**Auswertung Aufgabe**	-Präsentation der Lösung (Aufgabe 2) an Folie. -Diskussion Aufgabe 3 und 4 - Welche Rolle spielt der Schnittpunkt? Was passiert an diesem Punkt? Antwort: gleiche Funktionswerte
11:05	**Aufgabe Arbeitsheft Seite 6**	- S. beginnen Aufgabe im AH. → wird als Hausaufgabe wenn nötig beendet → Vergleich als Unterrichtseinstieg der nächsten Stunde gedacht
11:17	**Reflexion**	- Aufschlüsselung lineare Funktion der Form y = mx + n mit Benennung der Fachbegriffe und Besprechung der Monotonie
11:20	**Stundenende**	

16

8. Anhang

8.1 Literatur

Lehrplan Mitteschule Mathematik. Dresden: Säschsiches Staatsministerium für Kultus, 2004/2009.

Prof. Dr. G. Berger (2005): Differential- und Integralrechnung I

Griesel, H., Postel, H., vom Hofe, R. (2006). Mathematik heute. Lehrbuch für die Klasse 8 Realschulbildungsgang Sachsen. Braunschweig: Schroedel.

Griesel, H., Postel, H., vom Hofe, R. (2006). Mathematik heute. Arbeitsheft zum Lehrbuch für die Klasse 8 Realschulbildungsgang Sachsen. Braunschweig: Schroedel.
Homepage Lene-Voigt-Mittelschule Leipzig. Zugriff am 11 . November 2012 unter http://www.lene-voigt-schule-leipzig.de

Wikipedia – lineare Funktion. http:// http://de.wikipedia.org/wiki/Lineare_Funktion (Zugriff am 11. November 2012)
.

8.2 Eidesstattliche Erklärung.

8.3 Tägliche Übung, Tafelbild und Folien

Tägliche Übung:

1.   21 - 43 = -22   2. $4^2 + 4 = 20$

3.   3x + 12x - x = 14x   4. $3 \cdot (2a-1) = 6a - 3$

5.   Vergleiche!

     a) 5^2 50 • 0,5   b) 0,7 • 0,2   0,8 + 0,6   c) 223,2 : 12   105 • 1,9

     25 = 25   0,14 < 1,4   200 : 10 < 100 • 2

6.   40% von 4 = 1,6

7.   Bestimme die Fahrtzeit des Zuges.

     Abfahrt: 9.27 Uhr   Ankunft: 12.05 Uhr   2h und 38min

8.   Familie Bach benötigt pro Tag etwa 265 Liter Wasser. Wie viel Wasser verbraucht sie schätzungsweise im Monat?

     a) 10000 Liter   b) 8000 Liter   c) 170000 Liter   d) 600 Liter

9.   Ein Pkw fährt 20 $\frac{m}{s}$. Hält er die Höchstgeschwindigkeit von 50 $\frac{km}{h}$ ein?

     $20 \cdot 3,6 = 72$ $20 \frac{m}{s} = 72 \frac{km}{h}$

10.   Gib die Koordinaten eines beliebigen Punktes an, der auf der y-Achse liegt?

11.   Gegeben ist die Funktion $y = 3x$

     Markiere den Anstieg (rot); das Argument (blau); den Funktionswert (grün) und die Funktionsgleichung (gelb)!

12.   Was versteht man unter einer Funktion?

     - eindeutige Zuordnung

     - jeder Ausgangsgröße (Ausgangszahl) wird genau eine Größe (Zahl) zugeordnet

| 1. Angebot von O3 Grundpreis: 6,95 € Telefonkosten: 0,39 €/min 2. Angebot von a-minus Grundpreis: 20,95 € Telefonkosten: 0,19 €/min | Wertetabelle Angebot O3:

Aufgabe 1: Erstellt für das Angebot von a-Minus eine weitere Wertetabelle und vervollständigt diese.

Aufgabe 2: Übertragt die Werte in ein Koordinatensystem!

Aufgabe 3: Stellt die Funktionsgleichungen zur Berechnung der Tarife auf!

Aufgabe 4: Welcher Tarif ist ab wann günstiger? | |

Wertetabelle Angebot O3:

Zeit	0	1	10	20	40	60	70	80
Preis								

Lösung:

Wertetabelle Angebot O3:

Zeit in Minuten	0	1	10	20	40	60	70	80
Preis in €	6,95	7,34	10,85	14,75	22,55	30,35	34,25	38,15

Wertetabelle Angebot a-minus:

Zeit in Minuten	0	1	10	20	40	60	70	80
Preis in €	20,95	21,44	22,85	24,75	28,55	32,35	34,25	36,15

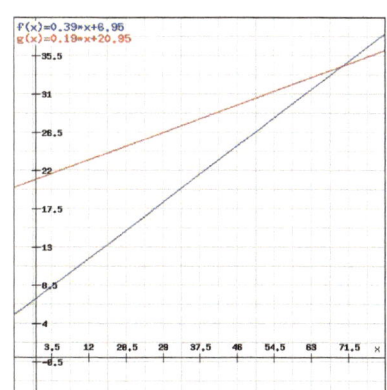

f(x)=0.39*x+6.95
g(x)=0.19*x+20.95

Funktionsgleichungen:

$y1 = 0,39x + 6,95$
$y2 = 0,19x + 20,95$

Bei einer Telefonnutzung von über 70 Minuten im Monat ist der a-minus Tarif am günstigsten. Bleibt man unter 70 Minuten, lohnt sich der O3 Tarif.

Folien:

Folie 1:   **Lineare Funktionen**

Bsp: Ein LKW-Anhänger wiegt leer 3 Tonnen. Er wird mit Kies beladen, dabei wiegt ein 1m³ Kies 2
        Tonnen.

Wertetabelle:

Kiesladung in m³	0	1	2	3	4	5	6	7	Funktionsgleichung
Kiesmasse in t									

Kiesladung in m³	0	1	2	3	4	5	6	7	Funktionsgleichung
Gesamtmasse in t									

Aufgabe 1.) Übertrage die Werte in ein Koordinatensystem 1cm ≙ 2 Einheiten.

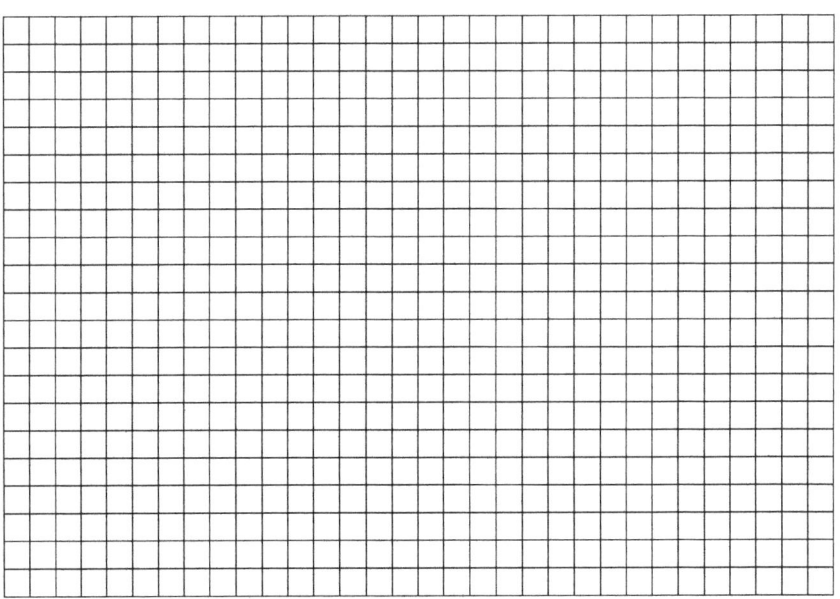

Aufgabe 2.)   Beschreibe die Lage der Graphen! Nenne Gemeinsamkeiten und Unterschiede!

Merksatz:

Eine Funktion der Form _____ heißt _____ .

Ihr Graph ist eine _____ . Dabei ist   - m _____

                                                       - n _____

Die Gerade schneidet die y-Achse im Punkt P (;   )

21

Welcher Handytarif ist der Beste?

Wertetabelle Angebot O3:

Zeit in Minuten	0	1	10	20	40	60	70	80
Preis in €	6,95	7,34	10,85	14,75	22,55	30,35	34,25	38,15

Wertetabelle Angebot a-minus:

Zeit in Minuten	0	1	10	20	40	60	70	80
Preis in €	20,95	21,44	22,85	24,75	28,55	32,35	34,25	36,15

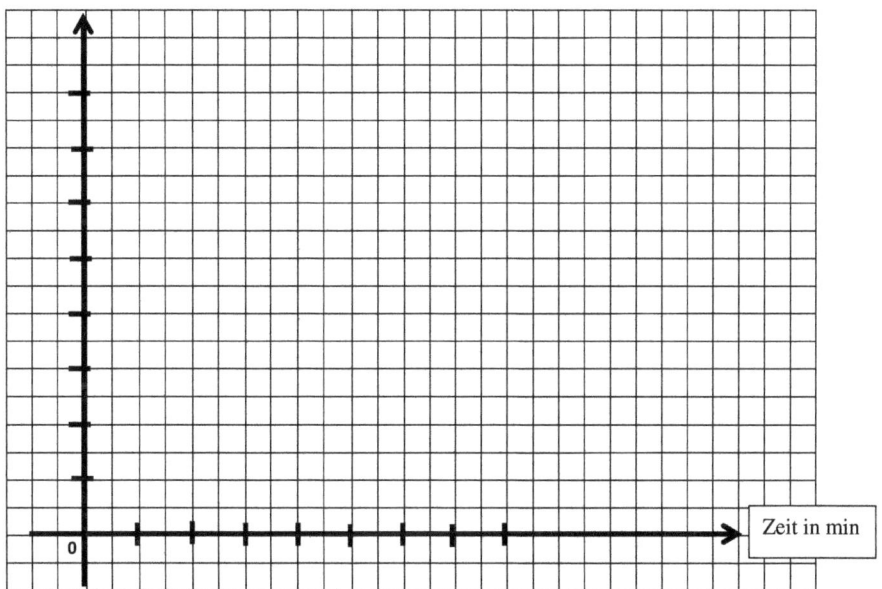

Zeit in min

Aufgabe 3: Funktionsgleichungen:

y1 = 0,39x + 6,95
y2 = 0,19x + 20,95

Aufgabe 4: Bei einer Telefonnutzung von über 70 Minuten im Monat ist der a-minus Tarif am günstigsten. Bleibt man unter 70 Minuten, lohnt sich der O3 Tarif.

Lineare Funktionen

Bsp: Ein LKW-Anhänger wiegt leer 3 Tonnen. Er wird mit Kies beladen, dabei wiegt ein 1m³ Kies 2 Tonnen.

Wertetabelle:

Kiesladung in m³	0	1	2	3	4	5	6	7	Funktionsgleichung
Kiesmasse in t									

Kiesladung in m³	0	1	2	3	4	5	6	7	Funktionsgleichung
Gesamtmasse in t									

Aufgabe 1.) Übertrage die Werte in ein Koordinatensystem 1cm ≙ 2 Einheiten.

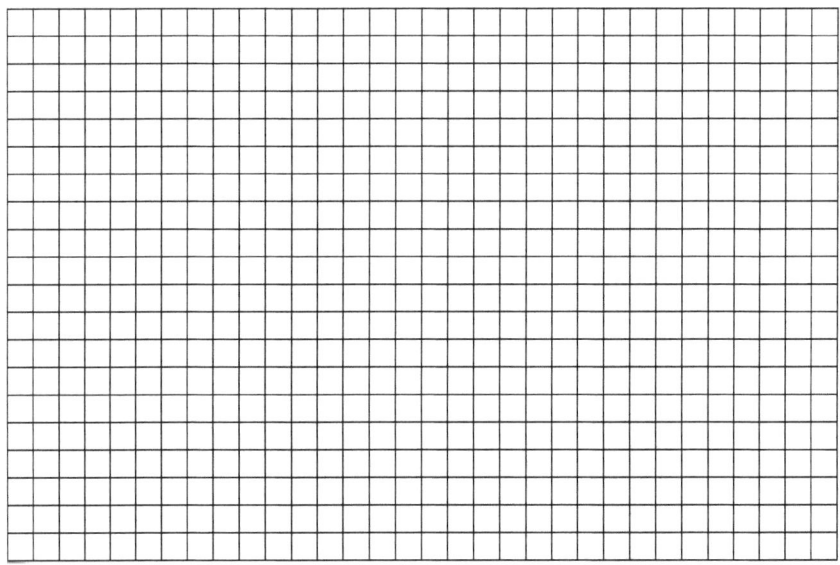

Aufgabe 2.) Beschreibe die Lage der Graphen! Nenne Gemeinsamkeiten und Unterschiede!

Merksatz:

Eine Funktion der Form _____ heißt _____ .

Ihr Graph ist eine _____. Dabei ist   - m _____

                                                    - n _____

Die Gerade schneidet die y-Achse im Punkt P (;   )

23

Bsp: Ein LKW-Anhänger wiegt leer 3 Tonnen. Er wird mit Kies beladen, dabei wiegt ein 1m³ Kies 2 Tonnen.

Wertetabelle:

Kiesladung in m³	0	1	2	3	4	5	6	7	Funktionsgleichung
Kiesmasse in t	0	2	4	6	8	10	12	14	$y = 2x$

Kiesladung in m³	0	1	2	3	4	5	6	7	Funktionsgleichung
Gesamtmasse in t	3	5	7	9	11	13	15	17	$y = 2x + 3$

Aufgabe 1.) Übertrage die Werte in ein Koordinatensystem 1cm ≙ 2 Einheiten.

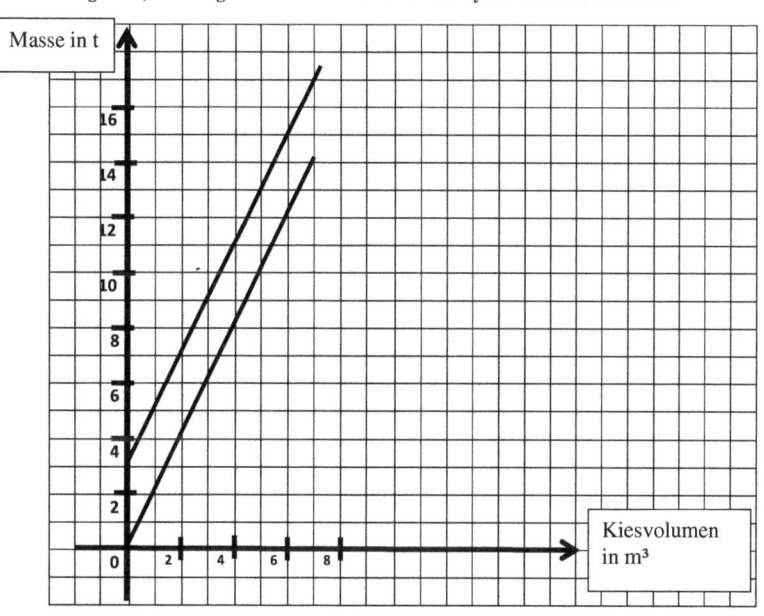

Aufgabe 2.) Beschreibe die Lage der Graphen! Nenne Gemeinsamkeiten und Unterschiede!
(Parallel und um 3 Einheiten nach oben verschoben)

<u>Merksatz:</u>

Eine Funktion der Form <u>y = mx + n</u> heißt lineare Funktion.

Ihr Graph ist eine Gerade. Dabei ist   **- <u>m (Anstieg)</u>**

- <u>n (y-Achsenabschnitt)</u>

Die Gerade schneidet die y-Achse im Punkt <u>P (0;n)</u>

Übung im Arbeitsheft[6]

i. Taxi-Unternehmen berechnen den Fahrpreis auf unterschiedliche Art.

a) Bei „Taxi-Roth" beträgt die Grundgebühr 2,50 €, der Preis für jeden gefahrenen Kilometer 1,00 €. Ergänze die Tabelle.

Fahrstrecke (in km)	1	2	3	4	5	10	15	20
Fahrpreis (in €)								

b) Beim Taxi-Unternehmen „Funktaxi" beträgt die Grundgebühr 2 €. Die ersten 3 Kilometer kosten jeweils 1,50 €, jeder weitere Kilometer 0,80 €. Ergänze die Zuordnungstabelle.

Fahrstrecke (in km)	1	2	3	4	5	10	15	20
Fahrpreis (in €)								

c) Zeichne ein Diagramm für die Zuordnung *Fahrstrecke → Fahrpreis* und trage beide Graphen ein.

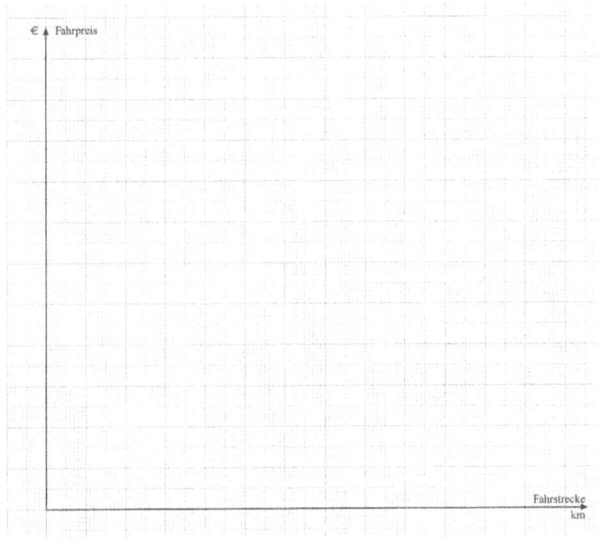

d) Welches Taxiunternehmen würdest du bevorzugen

bei 6 Kilometern Fahrstrecke, _____

bei 16 Kilometern Fahrstrecke? _____

e) „Funktaxi" ist preisgünstiger ab _____ Kilometer Fahrstrecke.

6

© 2006 Schroedel Verlag GmbH

---

[6] Griesel, H., Postel, H., vom Hofe, R. (2006). Mathematik heute. Arbeitsheft zum Lehrbuch für die Klasse 8 Realschulbildungsgang Sachsen. Braunschweig: Schroedel.

Lösung:

5. Taxi-Unternehmen berechnen den Fahrpreis auf unterschiedliche Art.

a) Bei „Taxi-Roth" beträgt die Grundgebühr 2,50 €, der Preis für jeden gefahrenen Kilometer 1,00 €. Ergänze die Tabelle.

Fahrstrecke (in km)	1	2	3	4	5	10	15	20
Fahrpreis (in €)	3,50	4,50	5,50	6,50	7,50	12,50	17,50	21,50

b) Beim Taxi-Unternehmen „Funktaxi" beträgt die Grundgebühr 2 €. Die ersten 3 Kilometer kosten jeweils 1,50 €, jeder weitere Kilometer 0,80 €. Ergänze die Zuordnungstabelle.

Fahrstrecke (in km)	1	2	3	4	5	10	15	20
Fahrpreis (in €)	3,50	5,00	6,50	7,30	8,10	12,10	16,10	20,10

c) Zeichne ein Diagramm für die Zuordnung *Fahrstrecke → Fahrpreis* und trage beide Graphen ein.

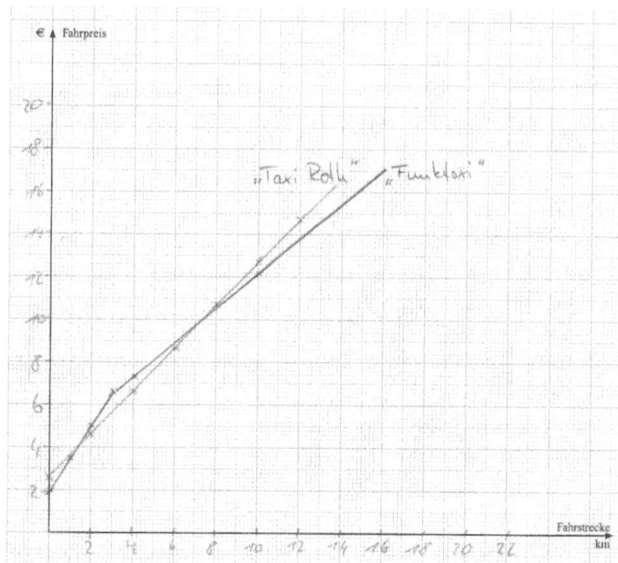

d) Welches Taxiunternehmen würdest du bevorzugen

bei 6 Kilometern Fahrstrecke, __Taxi Roth__

bei 16 Kilometern Fahrstrecke? __Tc. Maxi__

e) „Funktaxi" ist preisgünstiger ab ___8___ Kilometer Fahrstrecke.

© 2006 Schroedel Verlag GmbH